超有趣的云科学

③ 天空大揭秘

[日] 荒木健太郎◎著

宋乔 杨秀艳◎译

中国纺织出版社有限公司

测一测你的
爱云技术等级

0 级
看见过云

1 级
曾经有过腾云驾雾的想法

2 级
拍过云的照片，并在社交网络上分享

3 级
知道三种以上云的名称

4 级
拥有这套《超有趣的云科学》

5 级
能够利用雷达图知道何时下雨，从而不被雨淋

2

6级

能够预测大气光学现象，并亲眼验证

7级

用肉眼对云质粒的种类进行大致判断

8级

预测云的出现，并开始追寻它们

9级

分享对云的热爱，改变其他人的生活

10级

生命中不能没有云

3

前言

　　曾经听到有人说"小时候经常仰望天空，现在都不留意看了"，可能很多人都有这样的感慨吧。大家还记得盛夏的感觉吗？蔚蓝的天空飘浮着大团大团的云朵，这一壮观景象让人真切地感受到夏天的热情。大家想必也见过，猛烈雷雨过后出现的让人心醉的美丽彩虹吧。

　　如果我们抬头仰望，几乎每天都能看到云朵，云作为大自然的一部分，一直都在我们身边。或许，很多朋友在竞争激烈的社会中拼搏，学生们忙于学业，成年人忙于工作，大家很少有机会再去仰望天空。我创作《超有趣的云科学》这套书的目的就是给这些朋友提供一个机会，让大家尽情享受仰望天空的乐趣。此外，对于那些平时留意观看天空、喜欢在社交网络上发布云和天空照片的朋友，我还会分享一些技巧，让大家能够遇到自己喜欢的云朵，享受更多观云乐趣。

刚开始我以"爱云的技术"为题目做讲座的时候，参加讲座的气象"发烧友"提问道："爱云还有技术吗？"是的，爱云也是有技术的。当然，即便没有这种"爱云的技术"，也可以很好地享受观云的乐趣。你可以尽情地想象乘坐"筋斗云"在天空遨游，可以惊叹于停留在山顶附近的长得像不明飞行物的奇怪云彩，你还可以和三两好友谈笑风生，望着云朵露出开心的笑容。然而，你要是学会了爱云的技术，你对云的爱会变得更加深沉。

现在我是一名专门研究云的"云彩研究者"，但是我之前并没有非常喜欢云。在写前一本书《云中发生了什么事》的时候，我第一次思考应如何描述云朵的"内心"，才算真正开始认识云。从那时起，云不再是单纯的研究对象，它们变得栩栩如生，开始跟我聊天，而我的世界也从此大不相同。我领悟到，只要主动去了解云，倾听云的声音并解读它的内心，我们就可以和云进行沟通，并爱上云。可以说，"越是相知，越是相爱"。我写这套书就是想和爱云爱得无法自拔的广大云友们分享，加深大家对云的喜爱，并把这种喜爱传播开来。

这套《超有趣的云科学》共分为 5 册，向所有爱云的小朋友和大朋友讲述关于云朵你需要知道的那些事。

在《超有趣的云科学 ①云从哪里来》里，你能学到和云相关的基本知识，初步认识怎样的大气条件下能产生云。

在《超有趣的云科学 ②这是什么云》里，你能学到世界各国气象机构统一使用的云朵名字和分类方法。这样，你就能认识遇到的云朵小朋友的名字了。

在《超有趣的云科学 ③天空大揭秘》里，你能看到更多美丽的云和天空现象，例如彩虹、宝光、月晕、曙暮光条等，还能学习它们背后的科学原理。

在《超有趣的云科学 ④云的超能力》里，你能认识云朵的更多用途。有的云能带来灾难，有的云能帮你躲避危险。

在《超有趣的云科学 ⑤云朵好好玩》里，你能学到各种各样的科学实验和游戏，供你和云朵小朋友一起玩耍，加深你们之间的友谊。

这套书大部分的内容讲解都配有照片和图解，所以你拿到书之后可以大致翻翻，从感兴趣的部分开始阅读。当你读着读着，觉得有些晦涩难懂的时候，不妨先去看看第5册放松一下。

如果通过本书，大家能够更好地和云相处，例如能更加了解云，能看到美丽的云和天空，能和带来恶劣天气的云保持适当的距离，那么我就心满意足了。

我把爱云技术水平分为从 0 到 10 的不同等级（读到这里的朋友，恭喜你，你已经达到 4 级水平了），尽管这个分级标准有一定的主观性，但还是建议大家在阅读正文之前先测试一下自己的等级，等到看完这套书、和云打过一段时间的交道之后，再来检查一下，看看水平提高了多少。

我还收集了映衬在蓝天下的白云（第 1 册卷尾）、色彩缤纷的虹彩云以及红彤彤的火烧云（第 5 册卷尾），也请大家欣赏一下这些能带来好心情的云朵。

我梦想着世间能够充满对云的热爱——有趣的云和天空可以让街上的行人停下脚步，让小朋友奔向不一样的大自然，云友们可以尽情抒发自己对云的喜爱。为此，我诚挚地希望借助此书，给云友们送上一个充实的爱云生活。

荒木健太郎

登场角色

某云彩研究者爱云爱得太痴迷，逐渐结识了一群"云友"。为了让大家更加喜欢云，这些云友们将现身说法，帮助他讲解云朵的知识。

空气块君

空气的团块，本书的中心人物。天真淳朴，身体大小会随着温度的变化而改变。喜欢水蒸气，喝了太多的水后，身体内的水会溢出来形成云

云朵

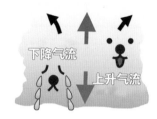

下降气流
上升气流

由大量的水滴和冰晶构成的组织，有很多种类。云朵是天真淳朴的老实孩子，它会通过伸展身体，告诉我们天空的情况和将要发生的天气剧变

水蒸气

气态的水，它的存在对云来说必不可少，颜色会随温度而变化

云滴

液态的水，形成云的成员之一

冰晶

固态的水，和水滴不太一样，外形多种多样

雪晶们

根据云的状态而改变自身的样子，是传达天空心情的信使

带有云滴的**晶体**

雪片

xiàn
霰

báo
雹

雨滴

在天空中不断相遇、离别，最后落下来的雨点

潜热

伴随着水的变身而吸收或者放出的能量

气溶胶颗粒

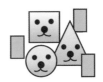

大气中漂浮的微粒，种类多，谜团也多，可以左右云的一生

太阳

明亮的光

暖空气

热而轻，迅速顺势而上

冷空气

冷而沉，擅长托举抬升

可见光战队·彩虹游骑兵

槽

台风

龙卷风制造机

温带气旋

观测者

相扑手

目录

1 今天是什么颜色：绝美的大气光学现象

2 不只是彩虹：水粒子的色彩世界

目 录

3 晕和弧：冰粒子的色彩世界

4 月夜魔法：夜晚的大气光学现象

5 雷电极光的光芒：惊悚又迷人的大气电学现象

6 受污染的天空：别忽略大气尘现象

1

今天是什么颜色:
绝美的大气光学现象

光的特征

　　云和天空总是会向我们展现出令人感动的风景，如雨后的彩虹、朝霞、晚霞等。

　　天空中呈现出的五颜六色的色彩，是光与大气、云、降水粒子等相互作用而产生的，它们被称为**大气光学现象**。在这本书中，我们主要讲述美丽的云和天空产生的原理——它们的产生就好像是光之魔法一样。

　　为了了解天空中的光之魔法，首先，我们先来梳理一下光的特性吧。

　　太阳光是由不同波长的电磁波组成的，按照波长由短到长的顺序，可分为紫外线、可见光、红外线等。这里所说的**可见光**是人眼能看到的光。如果把可见光想成一种波，那么波的振幅就是光的亮度，它的颜色因波长而变化（图1）。

　　可见光的波长从短到长依次呈现紫色、蓝色、绿色、黄色、橙色及红色，并且紫光比红光更容易折射。本书参照《理科年表》（日本国立天文台编著），用六色来描述彩虹色；而用七色描述的彩虹色中，在紫色与蓝色之间加入了靛^{diàn}色。

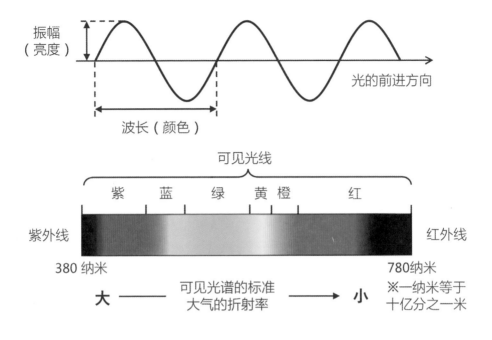

振幅（亮度）

光的前进方向

波长（颜色）

可见光线

紫　蓝　绿　黄　橙　红

紫外线

红外线

380 纳米

780纳米

大 ———— 可见光谱的标准大气的折射率 ———→ 小

※一纳米等于十亿分之一米

☁ **图 1　可见光的波长与颜色、亮度的关系**

　　通常，可见光是以上各个波长的光重叠在一起的，所以我们看见的光是白光。但是，因为每种波长的折射率不一样，所以当光在透明玻璃等多面体（棱镜）中穿过时，光线发生折射，光被按照波长分开，这种现象称为**分光**，因此我们才能看到美丽的彩虹色。

　　当光射向空中时，其与大气分子、大气中的气溶胶颗粒、云以及降水粒子相遇，除了发生折射之外，还会发生散射、反射、衍射等，光的前进方向发生改变，或者分光，产生各种各样的大气光学现象（表1）。下面，我们来分别讲一讲它们的原理。

| 表 1 | 各种主要因素对应的大气光学现象一览 |

主要因素	现象
大气、气溶胶颗粒引起的瑞利散射	蓝色天空、朝霞、晚霞
云质粒等引起的米氏散射	白云、曙暮光条、反曙暮光条
大气引起的折射	绿闪、海市蜃楼
水滴引起的折射、散射	所有的虹 （主虹、副虹、附属虹、反射虹、白虹）
水滴引起的衍射	虹彩云、宝光、日华
冰晶引起的折射	22 度晕、46 度晕、环天顶弧、环地平弧、22 度幻日、上切弧、下切弧、外接晕圈、上侧弧、下侧弧、巴利弧
冰晶引起的反射	日柱、光柱、幻日环、映日、太阳弧
冰晶引起的折射、反射	120 度幻日、洛维兹弧、反日弧、映日弧、映反日弧

谁决定云和天空的颜色

突然放晴的白天，晴空会使心情变得爽朗。纯白色的晴天积云飘在天上时，那感觉棒极了。当淡积云发展成中积云时，云底的灰色变得显眼。此时在上空也出现了层状的云，一旦遮住太阳，整个积云就都变暗了（图2）。

光的**散射**影响了这些云的颜色。散射是指光与目标粒子发生碰撞，改变了前进方向。光的散射因其所碰撞的粒子大小不同，而具有不同的特点。光与相对于其波长来说极其大的、半径约0.1毫米以上的雨滴碰撞时，光在雨滴表面发生反射，或者进入雨滴内发生折射、反射，然后射向雨滴外侧。这种散射被称为**几何散射**，散射方向因目标粒子的形状不同而不同。

当光碰撞到和其波长一样大或略大一点的云滴、气溶胶颗粒时，会发生**米氏散射**。米氏散射是指可见光中不管波长是多少，都大致均等地被散射。太阳光照射到云上时，就会发生米氏散射，最终各种颜色的光重叠成白光，照进我们的眼睛里。这就是云彩呈现出白色的原因。当上空中有云，照到下层云的太阳光较弱时，在云内，光因为无数云滴而导致米氏散射变弱，于是就变成暗色。中低云族积云状的云和层状云的云底颜色比较暗，就是这个原因。

图 2　　白色云和灰色云

2016 年 8 月 1 日摄于日本茨城县筑波市

当可见光碰撞到和自身波长相比小得多的空气分子、气溶胶颗粒时，会发生瑞利散射。瑞利散射是指波长越短的光发生的散射越强，这种散射的强度与光波长的四次方成反比。所以，波长约为红光一半的紫光（图 1），和红光相比，将以二的四次方也就是十六倍的强度发生散射。可见光进入地球大气层时，白天紫光首先在大气上部发生散射，然后波长较短的蓝光在大气中发生散射（图 3）。

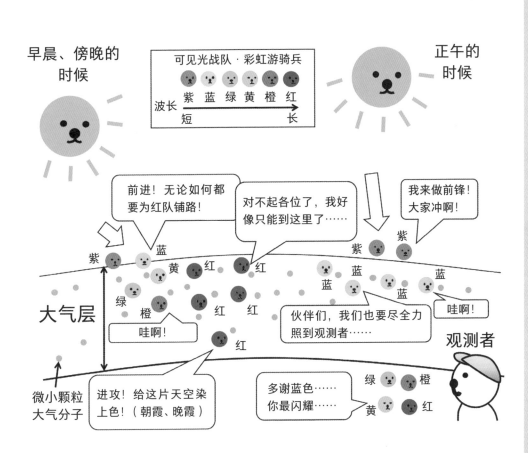

图3　天空发蓝、朝霞和晚霞发红的原因

蓝色的光在空中扩散开照到我们的眼中，所以白天的天空看上去是蓝色的。其他颜色的光基本不发生散射而照到地面上，所以白天的太阳看起来是白色的。

早晨和傍晚时，太阳高度角较小，可见光穿过大气层的距离变长。波长较短的光被散射得更厉害，剩下波长较长的红光在天空扩散开来。我们所看到的朝霞和晚霞，就是可见光经历了壮观的散射之后呈现出来的。我们生活中用到的"停止"信号灯做成红色，是有科学依据的，因为红色的光与其他颜色的光相比更不容易受到散射的影响，能够照射到更远的地方。

也就是说，大海呈现为蓝色主要是因为水吸收了波长较长的红光。在我们望向大海时，海面上反射出天空的蓝色，而且波长较长的光被吸收之后使水形成蓝色，会照到我们的眼睛里。海的颜色也会受浮游生物的影响而变浑浊，在浮游生物数量较少的海域，浅水区域白色的沙子和海水反射的光颜色混合，变成颜色通透的翡翠绿色（第 2 册图 60）。

当我们眺望云、天空和大海时，思考一下它们颜色的成因吧。

朝霞和晚霞

在一日之初的清晨，如果看到壮观的朝霞布满天空，你会感觉这一天都很幸福。傍晚，如果瞥见天空中艳丽的晚霞，这一天的疲劳大概都会一扫而空了吧。朝霞和晚霞是一种治愈系的霞色天空，拥有各种各样的表情，是用文字无法形容的美。

朝霞和晚霞是可见光与大气分子和气溶胶颗粒发生瑞利散射后，波长较长的红光向天空散射而形成的。它们颜色最深的时候是在日出前和日落后，这时可见光在大气中穿过的距离最长（图4）。特别是当天空中存在卷云、卷积云等高云族云朵的时候，如果其下层没有云，那么从地平线方向照过来的太阳光就会在云中发生米氏散射，太阳光穿过厚厚的大气层，变成深红色照到我们的眼睛里。在日出前20—30分钟的东方天空、日落后20—30分钟的西方天空，我们可以欣赏到天空的霞光。

在日出前后和日落前后，天空还呈现出混合了橙色、黄色的明亮霞光。太阳如果处在比地平线略高一点的位置，云和天空就会被混合有白色光芒的金黄色包围。短短的时间里，天空和云的表情瞬息万变，简直令人百看不厌。

图 4　染上朝霞色的云
2017 年 8 月 25 日摄于日本茨城县筑波市

我特别想推荐的是带有云的霞色天空。云顶附近因染上霞色而变成红脸的浓积云和积雨云，像金鱼的荚状高积云、絮状卷云、钩卷云，它们每一个的外观都是绝佳的。从高积云等延伸出的幡状云如果染上霞色，那就最棒了（图5）。

图5　染上晚霞色的幡状云
2017年6月30日摄于日本茨城县筑波市

另外，比可见光波长小的气溶胶颗粒数量较多时，日出之后和日落之前，太阳因为自身高度角较小，会呈现出暗红色（图6）。在冬季寒冷的早晨，如果地面很冷，大气下层生成很强的逆温层，那么气溶胶颗粒的数密度会变大，就会出现暗红色的太阳。图6中，和太阳同等高度的天空是暗灰色的，这是因为大量的气溶胶颗粒引起散射，包括红色光在内各个波长的可见光发生了散射，所以拍出来就是暗色的。另一方面，太阳发出的可见光中，只有照射距离最长的红光残留下来，所以太阳看上去是暗红色的。因此，我们可以通过太阳高度角较小时太阳的表情，来判断气溶胶颗粒是多还是少。

图6　气溶胶颗粒较多时暗红色的太阳

2017 年 5 月 20 日摄于日本茨城县筑波市

曙暮光的天空色彩

shǔmù

日出前和日落后，你所看到的美丽霞色，在气象学上称为曙暮光（Twilight）。曙暮光根据太阳高度角不同可以分为三种，分别是**民用曙暮光、航海曙暮光以及天文曙暮光**。

民用曙暮光是指太阳从落入地平线到地平线下 –6 度角时，此时即使没有照明也比较亮，能够进行室外活动，且云还染上了壮观的霞色；航海曙暮光是指太阳高度角从 –6 度到 –12 度，此时的亮度能够分辨出海面和天空的交接处；天文曙暮光是指太阳高度角从 –12 度到 –18 度，此时天空背景的亮度，人用肉眼是看不到六等星的。太阳高度角更小时就是夜晚了，日落后至太阳高度角为 –18 度时称为黄昏，太阳高度角为 –18 度至日出前称为黎明。早晨的曙暮光被称为拂晓、天明、曙光，傍晚的曙暮光被称为黄昏、暮光。

云朵小知识

六等星是我们肉眼所能见到的最低等级的星星。在天文学中，用"星等"来表示恒星和其他天体的亮度等级。从高到低分为一等星、二等星、三等星、四等星、五等星和六等星。星等数越小，说明星星越亮。

图7 蓝色时刻

2016 年 8 月 1 日摄于日本茨城县筑波市

民用曙暮光的天空不只是染上霞色，也可能整个被染成蓝色，叫作**蓝色时刻**（图 7）。蓝色时刻是在没有霞色的日出前和日落后的片刻时间出现的，是天气好、云不太多的情况下容易遇到的一种现象。在蓝色时刻，天空被染成浓浓的蓝色的时间段被称为蓝色时段，这种蓝色不只是源于大气的瑞利散射，还因为受到了平流层臭氧的影响。在日出前的蓝色时段，整条街被染成蓝色，这种景色能很好地治愈通宵忙碌后人们疲惫的身心。

图 8 魔法时段

2017 年 5 月 16 日摄于日本茨城县筑波市

民用曙暮光也被称为**魔法时段**或**黄金时段**，异常美丽的天空让人赏心悦目。特别是霞色和蓝色时刻混合的时间段，这时的天空是最棒的。虽然天空晴朗的时候很容易掌握天空颜色的变化，但是即使有高云族和中云族的云扩展开来，天空有时也会呈现魔法一样的桃红色（图 8）。

曙暮光条和反曙暮光条

当太阳隐藏到云朵、大山后面时，有时会有光从云的轮廓、间隙射向天空，这叫作曙暮光条（又称"雅各布天梯"）。照到地上的曙暮光条如同天梯，很亲切（图9）。

曙暮光条，是与可见光波长差不多的气溶胶颗粒使太阳光发生米氏散射，然后形成的我们肉眼可见的光路。它是**丁达尔效应**的一种，是我们看到光穿过漂浮和浑浊物质时发生散射的现象。如果气溶胶颗粒的数量很多，薄云中的云滴所产生的曙暮光条，可能会在中途被切断。如果有高云族和中云族的云朵，光和影子投影到云上，会形成美丽的景色。

> **云朵小知识**
>
> 丁达尔效应：又称丁达尔现象，是由英国物理学家约翰·丁达尔发现的一种光的散射现象，指的是当一束光线透过胶体，从垂直入射光方向可以看到胶体里出现一条光亮的通路。

图9　向地面延伸的曙暮光条

2017 年 3 月 8 日摄于日本茨城县筑波市

　　曙暮光条本身是很普通的现象，即使是太阳高度角较大的中午，如果太阳被积云、浓积云等孤立的云遮住，也有可能出现曙暮光条。此外，当层积云、高积云等有一定厚度的云扩展开来，出现了光能穿过的间隙时，就有可能出现天梯。因为太阳高度角的不同，也可

图 10　日出前东方天空的曙暮光条

2016 年 9 月 5 日摄于日本茨城县筑波市

能出现金黄色、霞色的梯子。即使没看到醒目的云，在日出前的东方、日落后的西方也可能出现曙暮光条，这种曙暮光条是由处于地平线附近的云产生的（图 10）。即使我们看不到云的身影，这种温厚的光也能让我们感受到云的存在。

图 11　傍晚在东方天空出现的反曙暮光条

2016 年 9 月 6 日摄于日本茨城县筑波市

　　太阳正对面天空所产生的光之魔法也不能错过。在日出时的西方天空、日落时的东方天空，从太阳正对面天空照射出来的曙暮光条被称为**反曙暮光条**（图 11）。反曙暮光条向着太阳正对面天空中的一点（**对日点**）辐合，所以也被称为背后神光（**背后光**）。

图 12　云影和曙暮光条
2017 年 7 月 13 日摄于日本茨城县筑波市

曙暮光条和反曙暮光条向我们展现了美丽的天空，这种天空仿佛被割开了一样。在日本太平洋侧的区域，西边有山地，夏季晴朗的午后，在山地产生的积雨云遮挡了夕阳的光，经常会出现美丽的曙暮光（图 12）。

地影和维纳斯带

　　在日常生活中，我们几乎意识不到地球的存在，但在快要日出前和刚日落后有一种现象，让人能够感觉到地球的存在。这种现象被称为**地影**（图13）。

　　地影，顾名思义，指的是地球的影子。民用曙暮光时段，在太阳正对面的天空中可以看到地影。地影在晴天时容易出现，是一种扩展到太阳正对面天空、比地平线稍微高一点地方的暗影，地影上方呈现为薄薄的紫色、粉色带状，这被称为维纳斯带。维纳斯带的宽度，因大气中气溶胶颗粒的数密度不同而不同，如果气溶胶颗粒的数量较少就会呈现出美丽的粉红色，如果气溶胶颗粒数量较多就会变得乌黑或者干脆看不见。

　　除了可以观看太阳正对面天空的地影，如果我们拉长视野，从太阳那边一直瞭望到其正对面的天空，会进一步感受到地球的存在（图14）。越是靠近太阳正对面天空，地影高出地平线的高度就越大。与那些伴随曙暮光条同时出现的云的影子一样，地球的影子也是倾斜的。

图 13　地影和维纳斯带

2014 年 1 月 10 日摄于日本长野县，下平义明供图

图 14　地影

2016 年 3 月 29 日拍摄于日本茨城县筑波市的全景照片

幸运的绿闪

在日出和日落的转瞬之际，会出现太阳发出绿色光芒的**绿闪**现象。在可见光的范围内，波长短的蓝光大气折射率更大，因此，与波长较长的红光相比，蓝色光、绿色光能更大幅度地向上方凸起弯曲。在光穿过大气层的路程最长——即太阳位于地平线时，折射程度达到最大。当太阳圆面大部分隐藏到地平线以下时，太阳上端的蓝色、绿色的光应当会照到观测者，而波长短的蓝光被大气严重散射，所以绿色光剩下来，产生了绿闪的光芒。

在生活中，看到绿闪的人被视为遇到了幸运。

这种与光之魔法的相遇，本身就是幸运的。不过，这种幸运是可以自己争取的。在没有低云族的云且没什么风的日子，找个能看见地平线的观测点，努力看就有可能看见绿闪。气溶胶颗粒少、空气干净也是观测条件之一。当你去海边时，一定要找准机会看看它。

海市蜃楼的光之魔法

天空偶尔会让我们看到虚幻的景色，其中一种就是**海市蜃楼**。
大型的海市蜃楼形成了没有真实感的场景，但海市蜃楼中的景色原型却是我们身边很普通的景观。

海市蜃楼包括远处景色出现在上方的**上现蜃景**和出现在下方的**下现蜃景**两种。

其中，上现蜃景比较珍稀，其又分为远处的景色延伸到上方的蜃景（图15）和远处的景色反转到上方的蜃景。另外，下现蜃景中看得到远处的景色反转到下方，在海上，岛屿看上去是浮起来的，所以又被称为**浮岛现象**。

这些海市蜃楼，主要是由于温度（密度）不同的大气扩展成层状时，大气引起光的折射而产生的。

上现蜃景，是在地面附近为气温较低的冷空气层、其上部是气温较高的暖空气层时，才会出现。因为低温的空气密度更高，折射率更大，所以在暖空气和冷空气交界的那个层，光是向下方弯曲的，我们会在其上方看到一个虚像。

如果在冷空气和暖空气的交界处温度变化较为平缓，那么光会小幅度弯曲，呈现出向上方延伸的蜃景；如果在冷空气和暖空气的交界

图 15 向上方延伸的上现蜃景

2013 年 5 月 18 日摄于日本富山县鱼津市，菊池真以供图

处温度变化较为激烈，光会大幅度弯曲，呈现出反转到上方的蜃景，这样就生成了两种不同的上现蜃景。当暖空气的上部存在冷空气层时，在它们的交界处，光向上方弯曲，就生成了下现蜃景。有时，在夏季晴朗炎热的日子，在道路上可以看到的**公路蜃景**也是下现蜃景的一种。

除此之外，还有镜像蜃景（侧现蜃景），这是一种非常罕见的现象，研究认为它的出现与其水平方向上的温度梯度有关。

大气的下层存在有温度差的不同层次时，可以看到连太阳、月亮形状都发生了变化。在上现蜃景中有时会变成四角形，在下现蜃

景中有时水平线上的太阳、月亮的一部分反转到下方变成圆团形或高脚杯形。这些都是容易看到的现象，所以当出现火烧云、彩云追月时，请务必也注意看一看太阳、月亮的形状。

我们看到的景色很大程度上依赖于光所穿过的大气层的状态。汽车发动机排出的热量、蜡烛燃烧的火焰上摇曳的热量，这些都是通过局部温度变化改变大气密度，从而使光发生折射而产生的现象，即**热流闪烁（纹影现象）**。

公路蜃景和热流闪烁的现象，如果我们平时不注意，往往就会错过，如果下次看到了它们，就试着畅想一下使光发生折射的大气的"内心"吧。

2

不只是彩虹：
水粒子的色彩世界

雨后天空的彩虹色

　　雨后天空出现的彩虹，不论何时都会让人很感动。为了更容易遇到美丽的彩虹，更好地欣赏彩虹，让我们先研究一下彩虹的"性格"吧。在这里先研究一下光与大气中的水滴交织而成的色彩。

　　虹是下雨时出现的一种光学现象，指的是在太阳对面天空出现的颜色从红到紫依次排列的圆形光弧。像彩虹（雨水的弓）那样生成七彩虹色的是球状的雨滴，太阳光越强，所生成的七彩虹色越美丽。偶尔还会出现**双彩虹**，双彩虹内侧的虹被称为**主虹**，外侧的虹被称为**副虹**（图 16）。这些虹以对日点为中心形成圆形，主虹的视角为 42 度、副虹的视角为 50 度（都是以红光为例）（图 17）。如果从飞机或高塔上看的话，就有可能看见完整的圆形虹，如果是从地面上看的话，就会看到圆形的一部分。

　　如果仔细看一下双彩虹，就会发现主虹从内侧向外侧依次为从紫色到红色，而副虹的颜色排列是相反的（图 16）。我们可以通过研究穿过虹的弧形上部的雨滴，来研究这一光学现象（图 17）。太阳发出的可见光射入雨滴发生折射，所以被分光，形成彩虹色，这个光在主虹中是从雨滴上部入射，在雨滴内部进行一次反射后，从雨滴下部出射；在副虹中情况相反，光线从雨滴下部入射，在雨滴

图 16　雷雨中的双彩虹

2014 年 4 月 4 日摄于日本茨城县筑波市

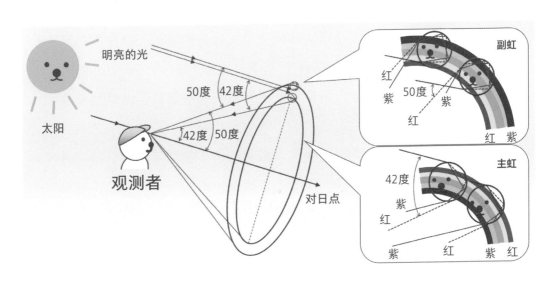

明亮的光

副虹

红
紫

50度

紫

红

红 紫

50度 42度

太阳

42度 50度

观测者

对日点

主虹

42度

红

紫

紫

红

紫 红

图 17　主虹与副虹的结构

内部进行两次反射后，再从上部出射。

主虹和副虹中颜色的排列是相反的，这不是因为光在雨滴内部的反射次数不同，而是因为照到我们眼中的光，在雨滴内部掉转了方向然后分光。光发生反射后再通过雨滴折射出去，副虹的光反射次数比主虹多一次，所以照到我们眼中的彩虹色变弱了。

此外，在主虹和副虹之间可以看到较暗的天空，这叫作**亚历山大暗带**，在主虹的内侧可以看到较明亮的天空（图16）。主虹的光在视角42度左右最强，而在主虹的内侧，照射到雨滴上那些角度不同的光，是叠加之后照射到主虹内侧的。光还叠加后照射到副虹的外侧，主虹和副虹之间的区域，刚好是在雨滴内发生了反射的光所照射不到的区域，所以看上去比较暗。

在赏虹的过程中最关键的一点是，彩虹的姿态是根据太阳高度来改变的。虹是以对日点为中心的圆弧，太阳较高时彩虹只显现出圆弧上部（图18）。地平线附近的彩虹也很可爱。太阳越低，彩虹越接近于半圆，朝霞、晚霞这种天空染上霞色的时刻，产生虹的可见光也是暖色系（第1册图2），形成被称为**赤虹、单色彩虹**的虹。

看到双彩虹的时候，请留意看看有没有三重彩虹。主虹的别名是一次虹，副虹的别名是二次虹，其实还存在三次以上的**高次虹**。虹的次数与光在雨滴内部反射的次数相对应。在雨滴内部，根据雨滴内部光发生反射的路径，理论上在太阳一侧的天空存在三次虹和四次虹，在太阳对面的天空存在五次虹和六次虹，五次虹位于主虹和副虹之间、六次虹位于主虹的内侧（图19）。即使是副虹，它的光都只能隐约看得见，三次以上虹的光更微弱，观测极其困难。

图18 太阳高度角较大时的主虹

2016 年 12 月 18 日 12 点左右摄于日本冲绳县嘉手纳町，新垣淑也、田地香织供图

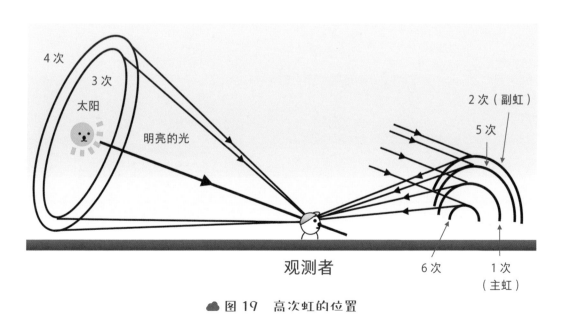

图19 高次虹的位置

此外，雨滴变大时就会变成馒头形（第 1 册第 3 章），所以不能像球形云滴那样顺利地使光发生反射。因此，倾盆大雨时不会出现美丽的彩虹。但是，馒头形的较大水滴和圆形水滴混在一起时，可能会出现一种罕见现象：在主虹稍微靠内一点的地方还伴有一条孪生彩虹，关于被分成三条的非常罕见的彩虹，也有过相关报道。

另外，最重要的是与彩虹相遇的方法。在太阳对面的天空有较弱的降雨、太阳一侧晴朗且光很强的时候，是最可能遇到彩虹的。

附属虹：叠加的彩虹色

彩虹用各种各样的姿态装饰天空，让我们入迷。其中之一就是**附属虹**，在主虹的内侧、副虹的外侧经常有几缕扩展开的淡淡的彩虹色（图 20）。

成为主虹彩虹色的光在出入雨滴时发生了两次折射。因此，进入雨滴时位置稍有不同的两道光，它们在从雨滴出射时有一部分的方向是相同的。因为光也可以看成是波（**电磁波**），所以在两个光的波峰之间，叠加部分的光被增强了，波峰与波谷叠加的部分相抵消，从而生成条纹状的光（**干涉纹**）。这就是附属虹的正身，因为它是由光的干涉产生的，所以也被称为干涉虹。

图 20　附属虹

2012 年 8 月 26 日摄于日本长野县，下平义明供图

反射虹：别样的四重彩虹

三次以上的高次虹我们几乎看不到，但是，在某些特定条件下也可能会遇到三次虹、四次虹。这是一种在水面发生反射的光所产生的**反射虹**（图21）。

反射虹是背向太阳时，在太阳一侧的湖泊、大的河流等水面上发生反射的光进入太阳对面天空中的雨滴而产生的虹（图22）。直射光的对日点位于地平线以下，而反射光的对日点位于更高的空中。因此，与直射光产生的虹相比，反射虹形成的圆弧是大半个圆。反射光也存在主虹和副虹，它们与直射光产生的主虹、副虹相叠加就变成了四重彩虹。因为产生反射虹的光在水面上经过一次反射，所以其与直射光产生的虹相比，彩虹色略微变弱了一些。

为了与反射虹小朋友相遇，我们需要掌握能够反射太阳光的湖泊、河流的位置，在能出现彩虹的局地降雨结束之时到达这个场所。风很强的时候，水面掀起波涛，反射光不能顺利地在天空中扩展，因此微弱的风也是与反射虹相遇的条件之一。此外，反射光很强是一个重要的观测条件，在太阳高度角较低的日落前和日出后，容易遇到反射虹。若能探寻合适的地点，与三重彩虹、四重彩虹相遇，大家一定会欣喜若狂吧。

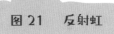

图 21　反射虹

2015 年 12 月 28 日摄于日本鸟根县出云市，天气新闻供图

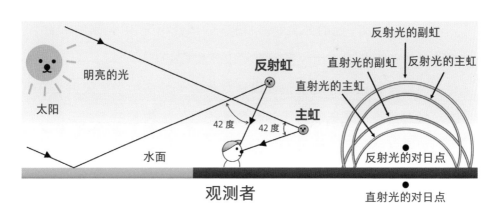

图 22　反射虹的结构

白虹：云滴产生的白色虹

世上还存在一种叫作**白虹**的白色的虹（图 23）。白虹并不是因下雨显现的，而是由于雾、水云显现出来的，所以还被称为**雾虹**、**云虹**。

白虹之中，云滴那样微小的水滴很重要。

如果是半径 0.5 毫米左右的雨滴，从紫色到红色的光被顺利地分离成比较窄的带状，产生了通常的彩虹。

水滴变小时，光的分离变得不充分，半径小于 25 微米的水滴中，各种颜色的光叠加成比较宽的带状，产生白虹。

偶尔看到这样一种说法，说白虹是由于云滴的米氏散射而产生的，然而，虽然米氏散射能够解释云滴看上去闪着白光的现象，却不能解释光像白虹一样形成弧形的现象。

清晨有雾时，西方的天空、山上产生层云的地方可以遇到白虹。当雾消散、太阳出来时，是看到白虹的较好时机。此外，也可以在浓雾中自己制作白雾玩耍（第 5 册第 1 章）。

图 23　白虹

2016 年 11 月 20 日摄于日本神奈川县海老名市，天气新闻供图

日华：太阳扩展出的光环

太阳周围有薄薄的云时，有时会出现以太阳为中心的圆盘状**日华**（Corona），日华是虹彩色扩展而成的（图24）。"Corona"一词与日全食时在太阳表面附近以散射光形式出现的日冕的英文单词一样，但它们是完全不同的**两种现象**。

miǎn

日华是光在水滴组成

的水云中发生**衍射**而形成的。衍射是指波传播过程中遇到障碍物时绕到该障碍物背后的现象。光绕过大量云滴，向云滴后方扩展，发生叠加、干涉，从而产生条纹（**艾里斑**）。衍射的特征之一在于，相对于障碍物来说，波长越长，衍射角（绕到障碍物背后的角度）越大。因此，每种颜色的光的衍射角是不一样的，日华的内侧是波长较短的紫色、蓝色，外侧是波长较长的红色。

> **云朵小知识**
>
> **两种现象：**日华是地球大气中的光学现象，日冕则是指太阳大气最外面的那一层，可延伸到几个太阳半径甚至更远处，温度可达百万度。

图 24　日华

2016 年 10 月 29 日摄于日本爱知县名古屋市

日华经常出现在云滴大小一致的卷积云、高积云等薄的水云中。云滴越小，日华的直径越大，颜色也被分离得越明晰。另外，因为层云等是云滴大小不一致的云，所以衍射光会发生叠加，变成模糊不清的白光（第2册图57）。大小不一致的云滴造成的太阳周围的白光和太阳附近日华发白的部分，都被称为**华盖**。

初春时，即使没有云，也有可能产生日华（图25）。这是一种由大气中飞散的花粉引起的日华，被称为**花粉日华**。尤其是接近

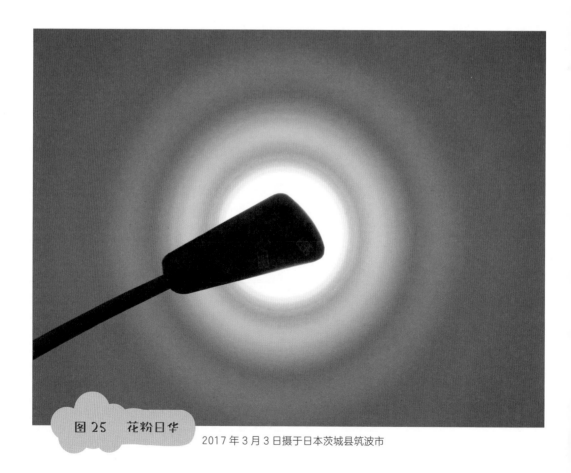

图25　花粉日华
2017年3月3日摄于日本茨城县筑波市

于球形的、尺寸较大的杉树花粉，更容易产生花粉日华。在 2 月到 4 月的雨后，当次日放晴、风很大的情况下，更容易出现花粉日华，花粉飞散量大的时候可以看得很清楚。对于有花粉过敏症的人来说，也许就像看到了"恶魔之光"吧。如果看到了花粉日华，要记得在进家门之前抖落附着在衣服上面的花粉。

云朵小知识

20 世纪 50 年代，日本为了减少山体滑坡等灾害，种植了大量的柳杉。2016 年的花粉过敏症调查显示，东京居民中可能患有杉树花粉过敏症的比例约为 48.8%。

此外，火山喷发时，大气中飞散着大量的液体硫^{liú}酸盐粒子，这时会出现一种被称为**毕晓普光环**的日华。这种环的内侧发白，外侧呈淡淡的红茶色。硫酸盐粒子的大小在 1.0 微米以下，比云滴小，毕晓普光环的尺寸较大，宽度大约是 10 度，从太阳到毕晓普光环的外侧边缘大约是 22—23 度。

天空中，还真是有着各种各样的光之环呢。

宝光：影子扩展出的圆环

　　走在云雾缭绕、能见度很差的山中，回头看后面时，有时会看到套着圆环的、仿佛大型妖怪一样的人影（图26）！这是一种被称为**宝光**（Glory）的大气光学现象。

　　在大山等地，面对着云或雾，当太阳光从背后照射过来时，人的影子会被映照得非常大，还看得到以影子为中心的圆环。这种现象在德国哈尔茨山脉的布罗肯峰比较常见，因此影子部分被称为布罗肯幽灵，影子和虹彩色的光混合在一起被称为**布罗肯现象**。

　　宝光是进入云滴的太阳光发生180度衍射时产生的。光从水滴边缘进入水滴内部发生一次反射，再从水滴对面边缘向外部出射。仅仅按照水引起的光折射来计算的话，偏转角度只有不到14度，不过，波通过衍射可以达到很大的偏转角，从而形成宝光。

　　如果存在大量的水滴，光就会发生干涉，所以宝光和日华一样是一种内侧是紫青色、外侧是红色的圆环。和日华类似，云滴的粒径越小，宝光的圈环越大。

图 26　宝光

2013 年 3 月 17 日摄于日本长野县，下平义明供图

图 27　从飞机上看到的宝光

2014 年 10 月 18 日摄于太平洋上空，平松早苗供图

　　另外，当飞机在高空飞过时，映照在水云上的飞机影子周围也可能出现宝光（图27）。为了把握时机看到宝光，在了解飞机路线与时刻的基础上，选择背光面能看到飞机影子的窗边座位吧。如果你这样做了，就可能在空中旅途中欣赏到映照在水云上的美丽宝光。

虹彩云：幸福就在身边

　　天空中鲜明的虹彩色、虹彩云让很多人着迷。**虹彩云**又被称为瑞云、祥云、景云、紫云，在古代神话中很多神仙也是乘着五彩祥云的。此外，虹彩云还经常与龙、凤描绘到一起，从古代开始就象征着吉兆（图28）。虹彩云往往被视为很珍贵的现象，其实它是一个不论在什么季节、什么场所都能经常遇到的小朋友。

　　图28　象征吉瑞的元素：五彩祥云（左）和凤凰（右）

虹彩云与日华一样，是太阳附近有水云时，由水滴引起光的衍射而产生的。虹彩云的位置大多在以太阳为中心10度视角范围内，有时在20度以外的位置也能看到。日华是从太阳扩展出来的同心圆状的规则虹彩色圆环，虹彩云则是由于大小不一的云滴离太阳的距离不同而形成的不规则色彩。

只要是薄薄的水云，任何云都能够成为虹彩云。例如，如果是积云，在太阳被云遮蔽的时刻，云的边缘附近大概会有虹彩云。尤其是太阳光容易在云的边缘附近发生衍射，云滴蒸发，因为粒径小而使颜色明晰地分离。此外，如果太阳被云遮蔽，白色的直射光不会照射出来，所以容易看到虹彩色。而且积云中气流紊乱，你可以欣赏到虹彩色动态变化的样子。

除此之外，在过冷却云滴形成的卷积云、高积云等云中也可以看到虹彩云。尤其是荚状云的云滴粒径容易变均匀，色彩会大规模地扩散而形成仙女羽衣一样的虹彩云（图29）。关于虹彩云的拍摄方法和更多精美照片，请翻阅第5册进行学习。

图 29 仙女羽衣般的虹彩云 2016 年 10 月 27 日摄于日本爱知县名古屋市

3

晕和弧：
冰粒子的色彩世界

晕和弧

天空的色彩也可能是由冰晶产生的。

太阳光和月光被冰晶折射、反射时产生的大气光学现象，被统称为晕（Halo）。

事实上，晕的种类、形状是多种多样的（图30），由于太阳高度角的不同，色彩和形态也有很大区别。晕在冰晶丰富的高纬度地区特别容易观测到，不过，只要是有冰云——包括卷积云在内，任何地方都可能看到晕。

晕可以根据漂浮在大气中的冰晶的方向划分成两大类。冰晶方向混乱无序的情况下产生的内晕、外晕一般都称为晕，其深受大气光学现象爱好者们的喜爱，由方向有序的冰晶产生的大气光学现象被称为弧。

除了冰晶的方向之外，由于冰晶的形状和光的折射方式、反射方式不同等原因，也会产生多种多样的光（图31）。

关于冰与光的魔法，我们来做一个详细的介绍吧。

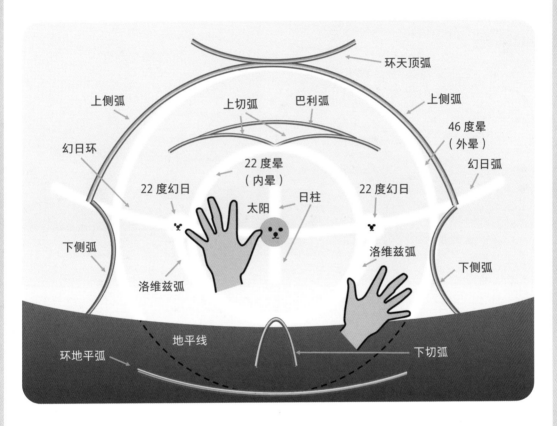

环天顶弧

上侧弧

上切弧　巴利弧

上侧弧

46 度晕
（外晕）

幻日环

22 度晕
（内晕）

22 度幻日

太阳　日柱

22 度幻日

幻日弧

下侧弧

洛维兹弧

洛维兹弧

下侧弧

地平线

环地平弧

下切弧

☁ **图 30　主要的晕和弧出现的位置**

这是太阳高度角约 25 度时的图片，图中绘制有环地平弧和下切弧在太阳高度角更大时与
太阳对应的出现位置，在地平线附近无法看到它们

方向紊乱的柱状、板状冰晶

22 度晕（内晕）

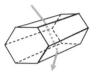

其发生与太阳高度角无关

46 度晕（外晕）

完整的晕圆很罕见

长轴保持水平、绕长轴的旋转角是任意角度的柱状冰晶

上切弧·下切弧 / 外接晕圈

太阳高度角约为 40 度以上时，上下的弧相连成为外接晕圈

上侧弧

太阳高度角在 32 度以下时发生

下侧弧

其发生与太阳高度角无关

日柱·映日

幻日环

长轴保持水平且侧面也保持水平的棱柱状冰晶

巴利弧

各太阳高度角下能看到的形状
上凸弧：≤ 15 度时能看到
上凹弧：≥ 5 度时能看到
下凸弧：≤ 50 度时能看到
下凹弧：≥ 40 度时能看到

底面几乎水平的板状冰晶

22 度幻日

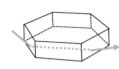

太阳高度角在 61 度以上时不会发生。如果在底面发生内部反射，就变成映幻日

120 度幻日

太阳高度角高的时候

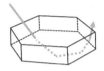

太阳高度角低的时候

环天顶弧

太阳高度角在 32 度以下时发生

环地平弧

太阳高度角在 58 度以上时发生

日柱·映日

幻日环

绕通过其对顶点的水平轴旋转的板状冰晶

洛维兹弧

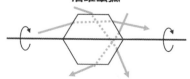

☁ 图 31 不同类型和方向的冰晶所产生的晕、弧以及光的路径

晕：冰与光的初级魔法

　　在太阳、月亮所产生的圆圈中，张角 22 度、46 度的圈分别被称为 **22 度晕（内晕）**、**46 度晕（外晕）**，即以太阳、月亮为中心，角半径为 22 度或 46 度的环。它们是通过竖长的柱状冰晶与光合作产生的。

　　柱状冰晶的面与面所构成的角度（**顶角**）包括三种，分别为：相邻的侧面上是 120 度，与单个侧面的角度是 60 度，侧面与底面的角度是 90 度，它们分别发挥着棱镜的作用。

　　光照射到冰晶上时，在顶角小的情况下（49.77 度以下），对于所有的入射角来说，都存在可以穿过那个面的光（**透射光**），然而，在顶角变大的情况下，在特定的入射角下会发生全反射，就不存在透射光了，顶角在 99.53 度以上时，在所有入射角下都不存在透射光。也就是说，在冰晶中，存在与上述三种顶角中的 60 度顶角和 90 度顶角对应的晕，分别是 22 度晕和 46 度晕（图 31）。

　　任何一种圆圈都是光在冰晶中发生折射、分离而成的，内侧（靠近太阳一侧）是红色，外侧是紫色，但是光却不会像彩虹那样绮丽地分离。卷层云的下层有水云的时候，会因为云滴产生的散射等因素而变成泛白的色调。

图32 22度晕、18度晕、9度晕

2016 年 7 月 27 日摄于日本熊本县天草市，
天气新闻供图

　　22 度晕也被当成判断有无卷层云的标准，它很常见（第 2 册
图 19—22）。而 46 度晕比较罕见，圆形的、完整的 46 度晕更是
极其罕见的现象。晕的视角除了典型的 22 度、46 度，还有 9 度、
18 度、20 度、23 度、24 度等（图 32）。这些晕都是由民间称为
金字塔形的二十面体冰晶产生的。

　　把手臂伸直朝向天空，张开五指，从大拇指到小拇指的张角就
是标准的 22 度。如果看到了晕，就张开手试着测量一下它的大小吧。

倒挂彩虹和水平彩虹

即便在冰和光的魔法中，**环天顶弧**（图 33）和**环地平弧**（图 34）也是格外好看。它们分别出现在与 46 度晕的上部和下部相接的位置，根据它们的形状，环天顶弧又被称为**倒挂彩虹**，环地平弧又被称为**水平彩虹**。

环天顶弧是早晨和傍晚太阳高度角在 32 度以下时，由板状冰晶产生的（图 31）。在高空中，板状冰晶底面保持水平的情况下，光从冰晶的底面入射、从侧面出射，通过冰晶底面和侧面之间 90 度的棱镜折射而产生彩虹色。太阳高度角大于 32 度时，会发生全反射，所以不会出现环天顶弧。

环地平弧是光线从板状冰晶的侧面入射、从底面出射形成的，通常发生在太阳高度角大于 58 度的正午前后，环地平弧在天空比环天顶弧延伸得更长。

这两种弧和晕不一样，并不是那种因为光集中到特定位置上、看起来很明亮的现象，它们单纯是由于顶角 90 度的棱镜折射而产生的。因此，光从红色到紫色分离得十分明显，太阳那一侧呈现出红色的美丽彩虹色。

图33 环天顶弧

2015 年 5 月 22 日摄于日本长野县，下平义明供图

图 34　环地平弧

2015 年 5 月 22 日摄于日本广岛县三次市，岩永哲供图

　　这两种弧有时被误认为是虹彩云，而虹彩云大多数情况下是在从太阳到距离其 10 度左右的位置上呈不规则排列的虹彩色，而这两种弧则是从太阳开始分别往上或者往下约两个手掌宽度的规则排列的颜色。因此它们可以按照相对于太阳的位置、颜色的排列等来进行区分。

　　高空中有卷云、卷层云、卷积云时，看看天空中可能会出现弧的位置，往往就能看到弧。环天顶弧在全年中早晨和晚上等太阳高度角较小的时间段可以看到，环地平弧在从春季到秋季的正午前后太阳高度角较大的时间段容易观测到。如果留意观察的话，这两种弧都是经常能遇到的小朋友。

幻日：汪汪的彩虹色

在太阳的两侧，有时会出现像虚幻的太阳一样闪耀着彩虹色的光斑（图35）。因为这是在太阳两侧22度或者稍微偏离22度一点的位置上出现的，所以被称为**22度幻日**。左侧的幻日是左幻日，右侧的幻日是右幻日。因为在北欧神话中有两头狼在天空中追逐太阳，幻日也有一个亲切的昵称叫**逐日犬**（Sun dogs），所以幻日可以说是"汪汪的彩虹色"。据说在神话中狼们一旦追上太阳就会出现日食，然而大气光学现象中的幻日是追不上太阳的。

幻日是板状冰晶底面保持水平、冰晶绕底面轴的旋转角随机分布、漂浮在高空时所产生的（图31）。和22度晕一样，幻日是通过侧面顶角60度的棱镜折射产生的点，颜色排列成内侧（太阳侧）是红色、外侧是紫色。有时也会成为三角形，产生幻日的冰云下层有水云时，幻日看起来就会泛白。当太阳处于水平线上时，幻日会在离太阳刚好22度的位置上出现；太阳变得越高，进入冰晶的光变得越倾斜，幻日就出现在偏离了22度视角一点点的位置上。太阳角大于60.75度时，光在冰晶侧面发生全反射，所以不会产生幻日。因此可以说，除了太阳较高的正午以外的时间（特别是清晨、傍晚）都很容易遇到幻日。

图 35　22 度幻日和幻日环

2016 年 1 月 2 日摄于日本茨城县筑波市

　　另外，有时还会出现**幻日环**，幻日环是一种穿过太阳以及太阳两侧的幻日、与太阳相同的高度上 360 度相连的圆环。幻日环是由底面水平漂浮的冰晶侧面发生反射产生的，因为没有光的折射，所以没有分光，而是成为白色的圆环。

　　进一步来说，幻日环上太阳对面的天空中，距离太阳两侧 120 度的位置有时也会出现两个光斑，即 **120 度幻日**。这个幻日是光从板状冰晶的上表面、侧面入射，分别经过两次折射和反射而产生的（图 31）。不完整的幻日环比较容易遇到，但是全方位相连的完整的幻日环、120 度幻日是相当罕见的。

　　22 度幻日也和晕一样，在存在卷层云等冰云时容易遇到。另外，由包含过冷却云滴的卷积云、高积云生长成的板状冰晶，在下落成幡状云时容易保持水平，因此，在包含冰晶的幡状云存在时，幻日、环天顶弧、环地平弧都更容易出现。而且，这种情况与卷层云产生的幻日相比，背景是蓝色天空，其他冰晶产生的折射光不会发生叠加，因此色彩更容易分离开（图36）。

图36　左幻日

2016年10月14日摄于日本茨城县筑波市

另外，因为云的形状不同，幻日的形态也不同，有的幻日像羽毛一样，在伴随着幡状云的航迹云中有时也会现出形态像龙的幻日（图37）。22度幻日也容易跟虹彩云混淆，通过相对太阳的位置、颜色排列可以将它们区分开。因为22度幻日比较常见，所以看到冰云时试着在发生位置附近探索一下吧。

图37　出现在航迹云中的右幻日

2016年10月30日摄于日本茨城县筑波市

映日：映照在云上的太阳

乘坐飞机时，随着高度变化，我们可以欣赏到各种各样的空中色彩。

除了大气下层的宝光，在比中云族、高云族所处位置更高的空中，还可能看到太阳映照在云上而产生的映日（图 38）。映日是一种出现在太阳正下方、和太阳隔着地平线相对的白色光斑。冰云上部那些底面保持水平漂浮着的板状冰晶，因其上表面反射太阳光，就产生了映日（图 31）。映日也是不经过折射、只通过反射而产生的，因此不会出现分光。

在冰云的上部和映日相同高度的两侧也可能会出现**映幻日**，它是一种彩虹色的光斑。映幻日是由于板状冰晶底面水平漂浮时，光从侧面入射并在底面发生一次反射后又从侧面出射而产生的。

如果想看到映日、映幻日，在选择飞机座位时要先确保是太阳一侧的靠窗座位。

图 38　映日以及左侧的映幻日

2015 年 9 月 10 日摄于太平洋上空

外接晕圈：外侧相切的晕

在各种弧中，还存在一种与 22 度晕上下相切、随着太阳高度变化而横向延伸成"V"字形的光，这种光分别被称为**上切弧**（上正切晕弧）、**下切弧**（下正切晕弧）（图 39）。

柱状冰晶躺倒着漂浮时，与 22 度晕一样，光从某个侧面入射之后从隔着一个面的侧面出射，就产生了这种弧（图 31）。

这两种切弧在太阳高度角小时呈"V"字形，而随着太阳的升高逐渐变成"V"字被打开了的形状。

太阳高度角约为 32 度时是高度水平延伸的，太阳高度角约为 40 度以上时变成以太阳为中心的椭圆形，有时上切弧、下切弧是相连的，这种状态被称为**外接晕圈**（图 40）。

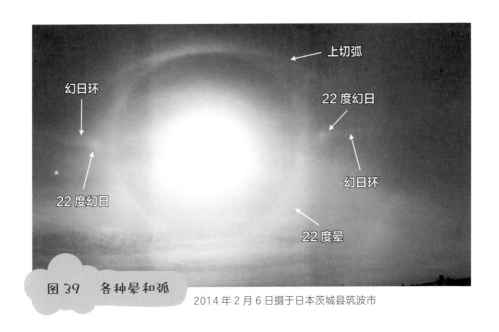

上切弧

22 度幻日

幻日环

幻日环

22 度幻日

22 度晕

图 39   各种晕和弧

2014 年 2 月 6 日摄于日本茨城县筑波市

幻日环

外接晕圈

22 度晕

图 40   外接晕圈和幻日环

2016 年 4 月 9 日摄于日本冈山县浅口市，冈山天文
博物馆松冈友和供图

侧弧：天空中延伸的彩虹色

在冰云扩展开的空中，还可能看到一种位于 46 度晕的上部、下部位置的侧弧（图 41），这种侧弧很容易被误认成是 46 度晕。侧弧的情况也和切弧一样，柱状冰晶长轴处于水平方向，这一点起了关键作用。

上侧弧是光从棱柱侧面入射、从底面出射时发生折射、分光所产生的（图 31），而下侧弧是光从棱柱底面入射、从侧面出射时发生分光所产生的。这些现象有时会呈现为大范围绮丽的彩虹色。

侧弧的形状也随高度变化而发生很大程度的变化。图 30 中，上侧弧是与 46 度晕的上端相切的椭圆形，太阳高度角约为 25 度时，上侧弧是高度水平延伸的，太阳接近地平线时，其就变成与 46 度晕左右两端相切的纵向延伸的光。下侧弧除了图 30 中示出的形状之外，还可以是当太阳高度角增大时与 46 度晕下端相切的椭圆形。

另外，上侧弧在太阳较低时、下侧弧在太阳较高时与 46 度晕重合，变得难以区分。但是，当环天顶弧、环地平弧、切弧都同时出现的情况下，我们能判断出天空中存在长轴呈水平的柱状冰晶，所以能够判断出不是 46 度晕而是侧弧。

图 41　环天顶弧以及上侧弧、上切弧

2016 年 1 月 2 日摄于日本茨城县筑波市

各种各样的弧

前面已经介绍了各种弧，下面我们再来介绍一下更为高级的冰和光的魔法吧。

首先是**巴利弧**。巴利弧通常呈现出一种在切弧上盖上盖子的形状（图 42），或者与切弧和 22 度晕相切的锐角 "V" 字形。巴利弧也是通过长轴处于水平的柱状冰晶等产生的，不过还附加了 "柱状冰晶侧面也处于水平" 这一条件，光从某个侧面射入冰晶后，从隔了一个侧面的侧面出射时，产生了巴利弧（图 31）。

巴利弧也分为**上巴利弧**、**下巴利弧**，分别包括向太阳凸起的**凸^{tū}巴利弧**、向太阳凹陷的**凹^{āo}巴利弧**。巴利弧的产生条件与切弧相似，因此它们是容易同时出现的弧。

此外，22 度幻日从 22 度的位置稍微偏离一点点时，从幻日向上下延展的弧被称为**洛维兹^{zī}弧**。

在板状冰晶绕着穿过六边形的对顶点且处于水平的轴旋转的状态下，与 22 度晕、幻日一样，光从侧面入射后从隔着一个侧面的侧面出射时所产生的弧就是洛维兹弧（图 31）。

洛维兹弧包括在幻日上部的上洛维兹弧、幻日下部的下洛维兹弧以及连接上洛维兹弧和下洛维兹弧的呈环状的洛维兹弧。

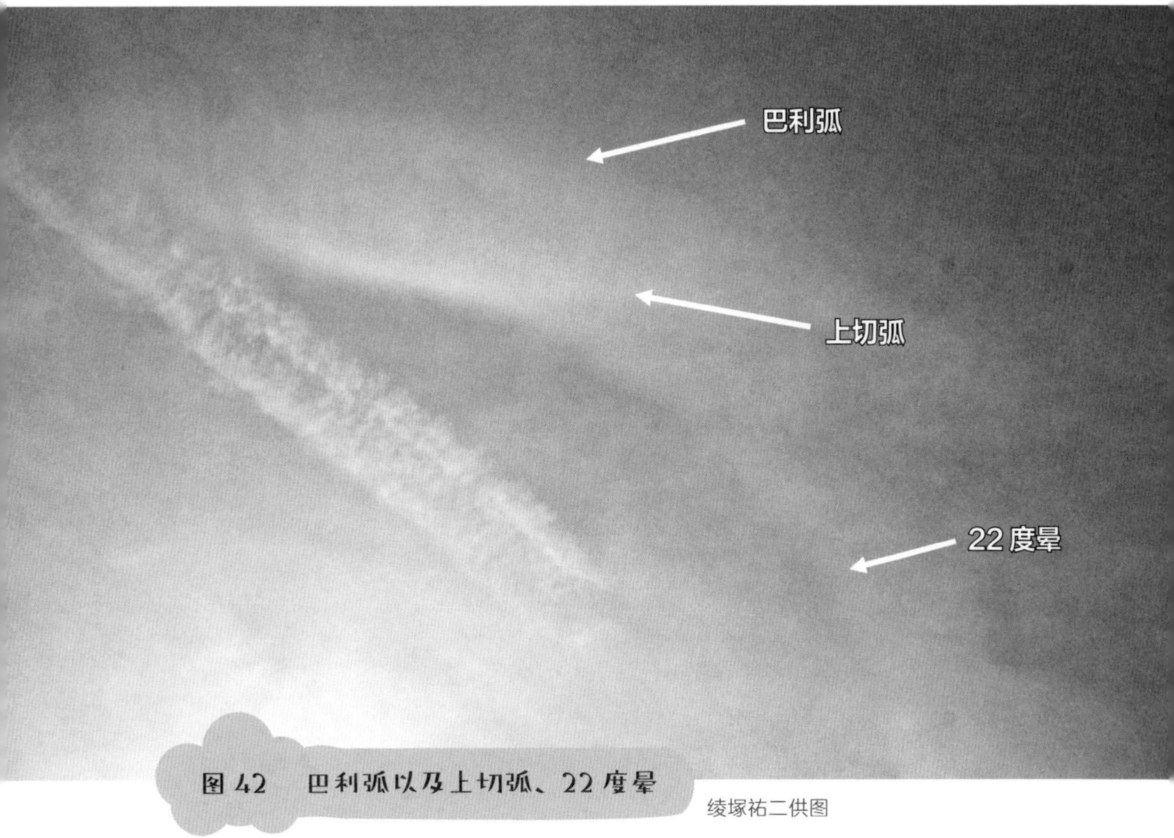

巴利弧

上切弧

22度晕

图 42　巴利弧以及上切弧、22 度晕

绫塚祐二供图

除了上述这些弧，还存在很多"冰和光的魔法"，它们的出现位置参见图43。

在与太阳相同的高度上，刚好间隔180度的地方，有时会出现一种被称为反假日的光斑，而且有时还会出现连接着反假日的韦格纳弧、黑斯廷斯弧、特里克尔弧、弥散反日弧，这些弧被统称为反日弧（图43）。

另外，还存在穿过太阳的"X"字形偕日弧（Heliacal arc）、天顶附近的克恩弧（Kern arc）等光弧。

这些光学现象是极其难得的，如果奇迹般地遇到它们，请不要把它们当成路人，让它们停留在你的脑海中吧。

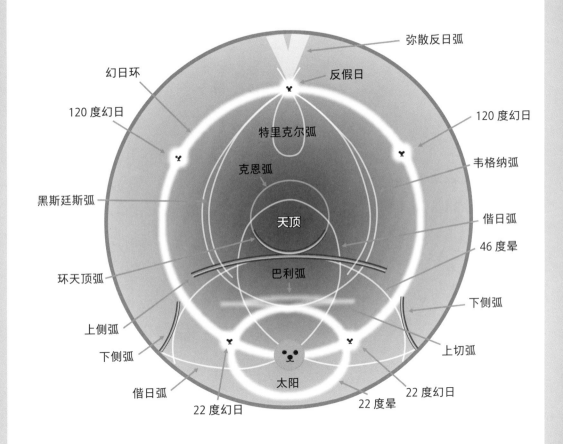

弥散反日弧

幻日环

反假日

120 度幻日

特里克尔弧

120 度幻日

韦格纳弧

克恩弧

黑斯廷斯弧

天顶

偕日弧

46 度晕

环天顶弧

巴利弧

上侧弧

下侧弧

下侧弧

上切弧

偕日弧

太阳

22 度幻日

22 度幻日

22 度晕

☁ 图 43　各种弧出现的位置

日柱和光柱：震撼的光之柱

在日出、日落前后，太阳高度角较小，我们可能会遇到从太阳射出的上下延伸的光之柱，这种光之柱被称为**日柱**（图44）。

日柱是光在板状冰晶底面发生反射产生的，因为没有经过折射所以不发生分光。在光线像太阳光一样平行照射的情况下，当存在越往上越微微倾斜的冰晶时，冰晶底面就充当反射面，倾斜越厉害，日柱向上方倾斜延伸得越长。在太阳下方，光也是按照同样的原理延伸的。

另一方面，街灯等发光源发出的光，在底面水平的冰晶上发生反射时，也会产生一种向上方延伸的光的柱子，这种柱子就被称为**光柱**。

光柱也是没有发生分光的、光源颜色原模原样地产生的柱子，因此街灯等产生的光柱所形成的景色是非常梦幻的。伸出手掌与日柱、光柱一起合影时，会出现仿佛使用了魔法一样的画面，尽情享受吧。

图 44 日柱

2014年2月9日摄于美国佛蒙特州。美国国家海洋和大气管理局（NOAA）图片库供图

4

月夜魔法：
夜晚的大气光学现象

明月映照的天空

不只是白天，夜晚的天空也是非常美妙的，例如夜空中有闪烁的星星、被月光照亮的云。这里我们重点围绕月亮，简单介绍一下夜空的欣赏方式。

关于月亮圆缺的状态，以日为单位表示从新月（朔^{shuò}）起经过的时间，被称为**月龄**，月龄 13.9 日到 15.6 日是满月（望）。从新月开始的第 7 日的上弦月和第 23 日的下弦月可以通过月落时的弦在上面还是在下面来进行区分。

云朵小知识

弦：半个月亮时的直边。

日本按照从新月开始的天数给月亮命名，如"三日月"即新月之后第三天的月牙，"十六夜"即第十六天的月亮等。

美国原住民给每个月的满月都起了好听的名字，比如 4 月是粉红月（Pink moon）、6 月是草莓月（Strawberry moon）。

在中国，从古至今更是有无数别名来形容月亮，例如素娥、玉兔、玉轮、玉壶、婵娟，等等。

在世间，名称特别的月夜容易受到关注，而夜空中闪耀着光芒的月亮总是一如既往的美丽。

图 45　地照

2017 年 1 月 31 日摄于日本茨城县筑波市

　　尤其推荐的是**地球反照**，简称地照（earthshine），它是残月的阴影部分被在地球表面发生了反射的太阳光照射后，看上去呈现出薄薄的灰光的现象（图 45）。在包括新月的月龄 27 日到 3 日左右的月牙儿时期，容易看到地照，我们把它想象成光在宇宙中来来往往，多么神奇呀。

更有趣的是月亮表面。月亮也和地球一样有环形山、月海、峡湾、山脉等地名（图46），月亮上的"月海"所织成的纹路如"月兔"一样，通过肉眼也能够充分确认。

如果使用望远镜就可以清楚地看到月亮表面具体的凹凸情况，

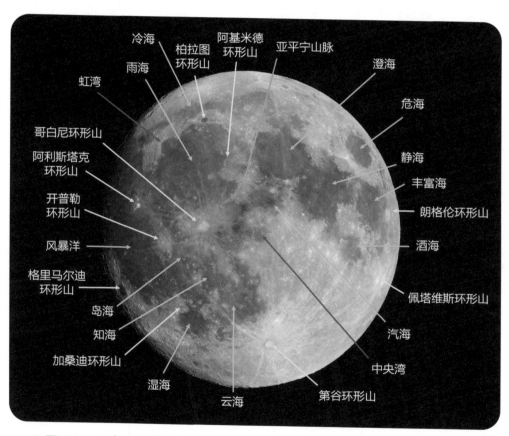

● **图 46　月亮上的主要地名**

蓝色箭头表示月湾，浅蓝色箭头表示月海，绿色箭头表示山脉，黄色表示环形山。照片摄于2017年10月4日中秋，村井昭夫供图

美丽的亚平宁山脉、虹湾、上弦残月时出现的月面"X"字形地形、月亮西边边缘附近的月面"A"字形地形等，也都是值得观看的地方（图 47）。

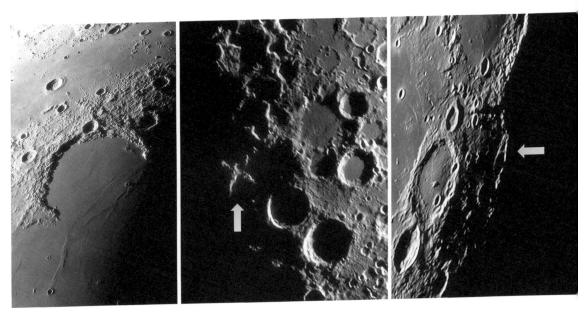

☁ **图 47 虹湾（左）、月面"X"字形地形（中）、月面"A"字形地形（右）**
分别摄于 2017 年 8 月 17 日、2016 年 8 月 15 日、2017 年 8 月 27 日，均由村井昭夫供图

月亮的表情变化

月亮一晚上向我们展现出各种各样的表情，有时是闪烁着白色光芒，有时是脸颊染上了红色（图48）。这与霞色天空一样，是穿过大气层的月光发生瑞利散射所产生的，大气中的气溶胶颗粒数量多时，高度较低的月亮被染成深红色。

红色的月亮常常让人觉得害怕，其实这多是由于心理作用导致的，红月也是极美的，而且，如果没有被云遮蔽的话，每个月夜都可以看到这样的场景。

此外，当太阳、地球、月亮排成直线的**月全食**时刻，月亮被地球的影子挡住，会变成红铜色（图49）。这是因为穿过地球大气的太阳光受到了瑞利散射的影响，并通过大气折射到达月亮表面，由此反射的光再照到地球上。到达地球时也在大气层受到瑞利散射的影响，因此，我们所见之处附近的气溶胶颗粒数量多时，月亮也会变成暗红色。

☁ **图 48　月色变化以及变化时间**

2016 年 11 月 13 日摄于日本茨城县筑波市

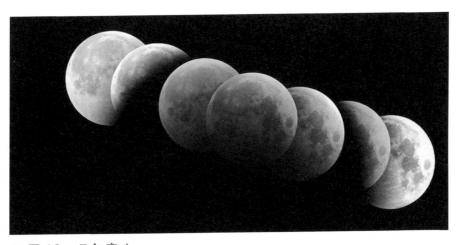

☁ **图 49　月色变化**

2014 年 10 月 8 日的月全食过程中的月色变化。每隔 30 分钟拍一张，叠加合成。日本姬路市星子馆供图

月光产生的大气光学现象

月光映射下的夜空色彩是最棒的。月光只不过是太阳光在月亮表面的反射，所以能够以和太阳光一样的条件和原理产生大气光学现象。

值得推荐的一种夜空色彩是**月华**。如果云滴的粒径一致，就可以看到绮丽的光环（图50），云滴的粒径不一致的情况下就会出现如同宇宙中的星云一样的美丽色彩（图51）。此外，22度晕的**月晕**（图52）、**幻月**、**幻月环**也很值得关注。

除此之外，还要推荐由于月光而出现的虹（**月虹**）和日柱一样通过板状冰晶而产生的**月柱**等。明亮的光学现象使用智能手机也能够拍摄到，但是使用照相机用较长的曝光时间进行拍摄，就能够拍摄得更加绮丽。请一定要好好欣赏月光和云产生的夜空魔法。

图 50　月华

2017 年 8 月 31 日摄于日本茨城县筑波市

图 51　月华

2016 年 12 月 16 日摄于日本茨城县筑波市

图 52　月晕

2016 年 11 月 16 日摄于日本山梨县山中湖湖畔，麻里茂供图

5

雷电极光的光芒：
惊悚又迷人的
大气电学现象

空中的雷电魔法

阴暗的天空被闪电包围，大地轰鸣般的雷鸣让人感到恐惧和不安，并且有一种心脏怦怦跳的高度紧张感。大家都有过这种经历吧。这些都是大气中发生的电学相关的现象，被称为**大气电学现象**。

雷包括只看得见光的**闪电**、只听得到声音的**雷鸣**以及既有闪电又有雷鸣的**雷电**。这些大气电学现象是积雨云内电量（**电荷**）局部偏重一方、为了消除（**中和**）这种偏重而引起的放电。

这种雷电放电分为对地放电、云内放电和空中放电三种。

对地放电就是我们通常所说的**落雷**，是在云和地面之间发生的雷电放电（图53）。对地放电偶尔也会在与云相距数千米远的地面发生，引发一种被称为"晴天霹雳"的现象。**云内放电**是一种在单个积雨云内部，或者在云和云之间发生的雷电放电（图54），因其在积雨云的砧状云下方水平地分叉并扩展的样子而被称为云 砧^{zhēn}爬行者（anvil crawler）。**空中放电**是一种从云到大气的雷电放电，这种雷也具有分叉的结构。

我们肉眼可见的雷电放电实际上是大量的电在几厘米的、非常细的路径上流动。放电时这个路径上的空气瞬间被加热到大约30000摄氏度，所以空气急剧膨胀，立即被周围的空气冷却、压缩。

图 53　对地放电　2013 年 8 月 12 日摄于日本神奈川县横滨市，高木育生供图

图 54　云内放电　2014 年 8 月 1 日摄于日本神奈川县、横滨市，高木育生供图

这种空气的膨胀、压缩导致的大气振动所形成的**声波**就是雷鸣。因为声速约 340 米每秒，而闪电是光速传播的，所以从看到闪电到听见雷鸣的时间间隔（秒数）乘以 340，就可以知道是在哪个距离（米）上的积雨云发生了雷电放电。

云内电荷偏重一方是由于**电荷分离**而产生的，电荷分离使电荷具有正负极性。电荷分离是由于积雨云内的上升气流和云、降水粒子的下落速度不同，使得大小不一的粒子向云的下方、上方移动所引起的。粒子带上电荷（带电）的过程有好几种，已知的有大气中具有电荷的原子（离子）吸附于云质粒的过程，冰晶之间的碰撞和分裂，水滴的冻结、融化和分裂，单个冰晶内温度偏重一方，霰的融化、成冰，等等。

此外，放电现象中还有一种叫作**球状闪电**，它是呈暖色系、金属光泽的、10—20 厘米的发光体在空中浮游的现象。球状闪电慢慢地在空中移动，消失的时候伴随着很大的爆炸声。

此外，还有一种被称为**圣爱尔摩火**的现象，这种现象是指在雷雨、大雪或强风时，电线、船的桅杆、飞机的机翼等在大气中产生放电的现象。

云朵小知识

球状闪电：俗称滚地雷，中国知名科幻小说作家刘慈欣创作的同名小说《球状闪电》深受读者们喜爱。

高层大气放电

发生雷放电时，从平流层到热层都可能出现**高层大气放电**这种发光现象。它的形态也是多种多样的（图55），例如蓝色喷流（Blue Jet）、红色精灵（Sprite）、淘气精灵（Elves）等。

蓝色喷流是一种从雷云的云顶向海拔40—50千米的平流层延伸的、闪着蓝色的细长束状光的发光现象。此外，还有比蓝色喷流暗淡、高度为20千米左右的**蓝色启辉器**（Blue Starter）、高度为80千米的**巨型喷流**，它们在不到1秒的极短时间内放射出光芒。

精灵是一种高度达到大约90千米的红色圆柱状发光现象，也被称为**红色精灵**。红色精灵的持续时间是几毫秒到几秒，通常认为，在夏季的雷云产生的对地放电中，大约有1%的概率会出现红色精灵。

此外，**淘气精灵**是一种从中间层上部向热层下部扩展的红色环状发光现象，在水平方向上的直径可达400千米，持续时间不足0.001秒。淘气精灵的亮度也很弱，如果不用高感光度的照相机，很难观察到这种现象。

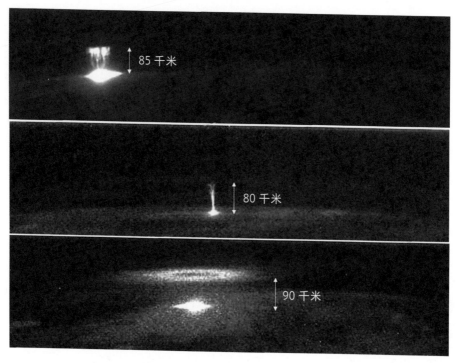

● 图 55　卫星观测的高层大气放电

从上向下依次是红色精灵、巨型喷流、淘气精灵。中国台湾成功大学 ISUAL 团队授权使用，足立透供图

迷人的极光

在夜空中闪耀的极光让很多人着迷。说起来，**极光**是一种可以在高纬度地区看到的、形似薄纱的发光现象（图 56）。极光在水平方向上可延伸几千千米，出现的高度从 100 千米到 300 至 500 千米。

极光是**太阳风**进入地球磁场（**地球磁层**）时产生的，太阳风是从太阳吹出的温度非常高的**带电粒子流**。通常，地球利用地球磁层的保护来避开宇宙射线、辐射等粒子的影响，然而，当太阳风吹来时，带电粒子有时会从地球夜晚一侧的磁场空隙进入。

高能带电粒子进入地球的超高层大气时，与氧原子、氮气分子发生碰撞，使之成为激发态的离子，从而向其提供能量。这些氧原子、氮气分子要想恢复成原来的状态就会发出光，这种光被认为是极光的主要成因之一。

在 150 千米以上高度，密度低的大气中会出现氧原子所产生的红光；在 100—150 千米高度，密度高的大气中会出现氧原子所产生的绿光、绿白光；在 100 千米上下高度，会出现氮气分子所产生的红光、蓝光。

图 56　极光

南极昭和基地，藤原宏章供图

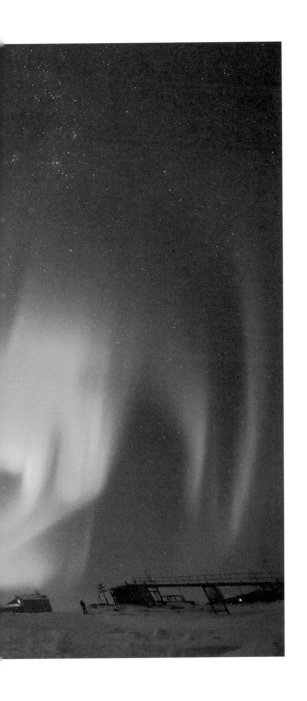

　　如果从太阳抛出了大量带电等离子体，或是产生较强的太阳风，那么几天之后地磁状态就从正常变为扰动状态，甚至发生**地磁暴**。这种情况下，容易出现极光。

　　在日本境内的北部地区，这种观测记录也较多。因为这种低纬的极光是由很强的地磁暴引发的，所以高空的氧原子产生红光的现象较多，日本歌人藤原定家所创作的《明月记》中记载了1204年2月到3月的京都出现了"红气"，有人指出，这个"红气"就是因为太阳异常活跃而产生的极光。

　　现在市面上也有全球看极光的旅游项目，利用这些途径去观看极光也很不错。

6

受污染的天空：
别忽略大气尘现象

空中的土魔法——大气尘现象

要想加深对天空和云的了解，你需要知道各种各样的天空表情。因此，这里我们关注一下受污染的天空。在几乎不含固态冰、液态水的状态下，大气中的气溶胶颗粒使视野（**能见度**）变差的现象被称为**大气尘现象**。

除了大气尘现象，另一种使能见度变差的是雾。雾是由于大气中悬浮着水滴，导致能见度不足 1 千米的现象，能见度特别差的情况被称为**浓雾**（第 4 册第 2 章）。由于大气中漂浮着微小水滴、吸湿性气溶胶颗粒，天空显得发白，能见度在 1 千米以上但不到 10 千米的状态被称为**霭**，即轻雾。因此，有雾时，湿度接近 100%；而有霭时湿度在 75% 以上，但是并没有接近 100%。

但是，大气尘现象发生时大气中几乎不含液态的水，所以大气尘现象的发生与大气湿度情况没有关系。

大气尘现象包括烟雾、烟、黄沙、火山灰、浮尘、沙尘、沙尘暴、沙暴、尘卷风等多个种类。让我们来分别看看它们吧。

霞的真面目——霾和烟

在春天等季节，天空中有时会挂着泛白的霞。由于大气中气溶胶颗粒的影响，天空呈现出浑浊的乳白色，这种现象被称为烟雾（霾^{mái}）（图 57）。

图 57 霾

2017 年 2 月 7 日摄于日本茨城县筑波市

有霾时能见度不到 10 千米，其湿度在大部分时候都不足 75%。造成霾的气溶胶颗粒是因为工厂和汽车排出的废气、从地面扬起来的沙和**土壤粒子**（尘土）、火灾产生的烟等各种原因而产生的。在大气环境领域经常讨论的 $PM_{2.5}$（**细颗粒物**）是指所有直径小于等于 2.5 微米（0.0025 毫米）的气溶胶颗粒。特别是有尘土时能见度不足 10 千米的状态被称为**尘霾**，这种状态下天空呈现出一种像沙子那样的茶色。

因为火灾而排放到大气中的燃烧物质被称为**烟**，产生烟的时候天空变成带点灰色的红色，朝阳和夕阳则被染成深红色。烟的来源不限于日本国内，当俄罗斯发生大规模的山火时，烟也可能随着高空风的流动而吹到日本（图 58）。

另外，工厂排出的废气等显然由人为因素产生的人为源气溶胶颗粒组成，被称为**烟雾**。晴朗、高温、有微风的夏日会产生**光化学烟雾**。由于大气中的碳氢化合物和氮氧化物发生光化学反应，导致地表附近的光化学氧化剂浓度升高而发生的现象被称为光化学烟雾，这会对人体、动植物带来不好的影响。

在预测到有光化学烟雾的情况下，需要采取佩戴口罩、将衣物晾晒在室内等应对措施。

● 图 58 从陆地飘出的烟

2015 年 11 月 3 日 Aqua 卫星拍摄的可见光图像，红点是通过 Terra 和 Aqua 卫星
推定的热源，图像来自 NASA EOSDIS Worldview 网站

沙子飞舞的天空

在空气干燥、风也很大的冬季，会有灰尘、沙子从农田等地方卷扬起来。这些灰尘、沙子只出现在地表附近，导致能见度暂时变差，这种现象被称为**浮尘**，颗粒比灰尘还大的沙子被大量卷扬起来的情况被称为**沙尘**。

浮尘、沙尘各自都分成两种，在成年人的视线高度（地面高度1.8米）上对能见度没有影响的是"低吹尘（沙）"，对能见度有影响的是"高吹尘（沙）"（图59）。

在强风影响下，浮尘、沙尘变得规模很大，高度能够达到几千米，这种现象被称为**沙尘暴**（Dust storm）、**沙暴**（Sand storm）。沙尘暴和沙暴的水平尺度有时会达到几千千米，有时会将伴随着气旋的风的流动可视化（图60）。在有锋经过的情况下，如果局部发生沙尘暴，那么其交界处可能出现沙墙。在干旱、半干旱的区域，

图 59 浮尘

2013 年 3 月 13 日摄于日本茨城县筑西市，青木丰供图

☁ **图 60 沙尘暴**

2016 年 6 月 27 日 Suomi NPP 卫星拍摄的撒哈拉沙漠的可见光图像，图像来自 NASA EOSDIS Worldview 网站

导致沙尘暴、沙暴的强风被称为**哈布风暴**。

　　如果站在浮尘、沙尘暴中，灰尘就会噼里啪啦拍到脸上，除了疼痛外，眼睛也没法睁开，灰尘也可能进到照相机内部，晾晒在外面的衣物上也全都是沙子。在晴朗、干燥、风也很大的日子，要当心浮尘和沙尘暴，尤其在靠近农田、地表裸露的地方，更要格外当心。

越洋而来的黄沙

有一种大气尘现象，被称为"春天的风景画"，这就是**黄沙**。中亚和东亚地区的沙漠、干旱地区在大气环流的作用下发生沙尘暴、沙暴时，把沙尘卷扬到大气上层，这些沙尘漂洋过海降落到日本的地面上，这种现象被称为黄沙现象（图61）。

黄沙现象发生时，天空变成黄褐色，地面也有沉积的沙子。黄沙现象导致能见度变差并对交通系统产生影响，不仅如此，还能使晾晒在室外的衣物、车子变脏。黄沙现象不仅发生在春天，秋天也可能发生。

黄沙现象发生时，空气中不仅有沙尘，还有硫氧化物、氮氧化物等大气污染物和土壤中的菌类（细菌）、霉菌等。因此，众所周知，黄沙天气时过敏性鼻炎、花粉症的症状会加重，给呼吸器官带来恶劣影响，建议大家佩戴口罩，斟酌洗衣服、洗车的时间。

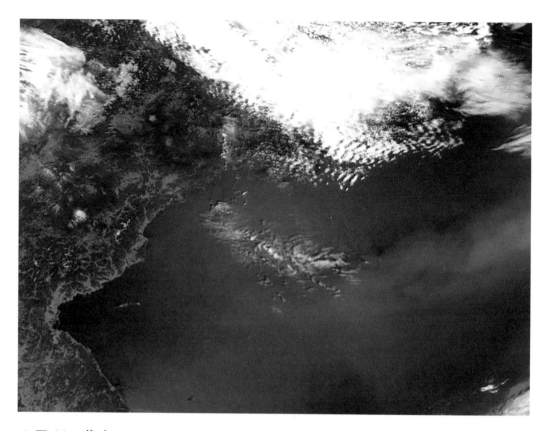

☁ 图 61　黄沙

2017 年 5 月 7 日 Terra 卫星拍摄的可见光图像，图像来自 NASA EOSDIS Worldview 网站

尘卷风和火灾旋风

在晴朗的日子里，运动场等地方的沙尘卷成漩涡，吹跑了帐篷，这种现象就属于**尘卷风**（图62）。

尘卷风和龙卷风看起来好像是一样的，但它们的产生机制完全不同。在大多数情况下，对龙卷风来说重要的是下层的涡旋被积雨云产生的上升气流拉拽（第4册第4章）。正午时分，地表温度上升，变热变轻的空气产生了上升气流，风的辐合作用等所产生的地面上的微小涡旋被这种上升气流拉拽、增强，就会产生尘卷风。尘卷风的持续时间有几分钟长，涡旋的旋转方向既有顺时针的，也有逆时针的。

大规模的烧荒、森林火灾时，因为同样的原理而产生火焰、烟、灰的涡旋，这种涡旋被称为**火灾旋风**（图63）。"火龙卷"是火灾旋风的一种俗称，有时火灾旋风会伴随着火灾持续一个小时以上。地震、空袭等引起的城市大范围火灾中，也出现过火灾旋风。

如果是极其小规模的尘卷风，进入其中也没有关系，但如果是规模很大的尘卷风就很危险。火灾旋风非常危险，所以即使想看也要忍住，千万不能靠近。

图 62　尘卷风

2011 年 7 月 19 日摄于美国俄克拉何马州，伊藤纯至供图

图 63　火灾旋风

2017 年 3 月 18 日摄于日本栃木县小山市，青木丰供图

著作权合同登记号：图字：01-2023-3890

图书在版编目（CIP）数据

超有趣的云科学．③，天空大揭秘／（日）荒木健太郎著；宋乔，杨秀艳译．－－北京：中国纺织出版社有限公司，2023.10

ISBN 978-7-5229-0977-6

Ⅰ．①超… Ⅱ．①荒… ②宋… ③杨… Ⅲ．①云—儿童读物 Ⅳ．①P426.5-49

中国国家版本馆 CIP 数据核字（2023）第 167813 号

责任编辑：史倩 林双双 责任校对：高涵 责任印制：储志伟

中国纺织出版社有限公司出版发行

地址：北京市朝阳区百子湾东里 A407 号楼 邮政编码：100124

销售电话：010—67004422 传真：010—87155801

http://www.c-textilep.com

中国纺织出版社天猫旗舰店

官方微博 http://weibo.com/2119887771

北京利丰雅高长城印刷有限公司印刷 各地新华书店经销

2023 年 10 月第 1 版第 1 次印刷

开本：710×1000 1/16 印张：36.5

字数：242 千字 定价：188.00 元（全 5 册）

凡购本书，如有缺页、倒页、脱页，由本社图书营销中心调换